Zineb Chaich
Djamel Belatrache
Nadia Saifi

Otimização de sistemas fotovoltaicos em zonas áridas

Zineb Chaich
Djamel Belatrache
Nadia Saifi

Otimização de sistemas fotovoltaicos em zonas áridas

Impacto do pó e das técnicas de limpeza

Imprint

Any brand names and product names mentioned in this book are subject to trademark, brand or patent protection and are trademarks or registered trademarks of their respective holders. The use of brand names, product names, common names, trade names, product descriptions etc. even without a particular marking in this work is in no way to be construed to mean that such names may be regarded as unrestricted in respect of trademark and brand protection legislation and could thus be used by anyone.

Cover image: www.ingimage.com

This book is a translation from the original published under ISBN 978-620-6-72932-7.

Publisher:
Sciencia Scripts
is a trademark of
Dodo Books Indian Ocean Ltd. and OmniScriptum S.R.L publishing group

120 High Road, East Finchley, London, N2 9ED, United Kingdom
Str. Armeneasca 28/1, office 1, Chisinau MD-2012, Republic of Moldova, Europe
Managing Directors: Ieva Konstantinova, Victoria Ursu
info@omniscriptum.com

Printed at: see last page
ISBN: 978-620-3-49795-3

Conteúdo

A produção de energia representa um desafio importante para os próximos anos, devido ao aumento contínuo das necessidades energéticas, tanto nas sociedades industrializadas como nos países em desenvolvimento. Atualmente, os esforços concentram-se principalmente no aumento da utilização de fontes de energia renováveis, que oferecem a vantagem de serem gratuitas e de contribuírem para atenuar o aquecimento global, um fenómeno exacerbado pelo aumento das concentrações de gases com efeito de estufa resultantes da utilização de energias convencionais.

A estratégia do governo argelino baseia-se na exploração de recursos inesgotáveis, com especial destaque para a energia solar fotovoltaica. Esta abordagem é ainda mais pertinente para a Argélia, onde a taxa de insolação é elevada, com uma média de 3.000 horas por ano em 80% do país. Estas energias renováveis são consideradas essenciais para diversificar as fontes de energia e preparar a Argélia do futuro. No entanto, embora esta estratégia seja considerada realista, os investidores manifestam a sua preocupação com a falta de visibilidade do sector, que trava o investimento em energia fotovoltaica (PV).

Para favorecer o desenvolvimento deste sector, é fundamental realizar estudos mais aprofundados e aumentar a transparência dos sistemas fotovoltaicos, a fim de melhorar a sua fiabilidade. É imperativo que as instalações fotovoltaicas funcionem na sua capacidade máxima de conceção para garantir um fornecimento fiável de eletricidade durante todo o seu ciclo de vida. As perdas de desempenho devidas à acumulação de poeiras são um problema que não tem sido abordado de forma abrangente, especialmente no sul da Argélia. Por conseguinte, o principal objetivo deste trabalho é estudar experimentalmente o impacto das poeiras no desempenho dos painéis fotovoltaicos instalados na região de Ouargla.

A obra está dividida em três capítulos:

1.   O primeiro capítulo apresenta

2.   O segundo capítulo é dedicado a uma revisão da literatura sobre os efeitos da areia na eficiência dos painéis fotovoltaicos e métodos para melhorar o desempenho dos sistemas fotovoltaicos (PV). Isto inclui uma revisão de trabalhos anteriores sobre técnicas de limpeza, proporcionando uma compreensão aprofundada das abordagens adoptadas para maximizar a eficiência dos painéis solares.

3.   O terceiro capítulo apresenta a metodologia experimental utilizada, bem como os resultados relativos ao impacto das poeiras na potência e na temperatura dos painéis fotovoltaicos. Esta secção destaca os dados recolhidos durante os testes, analisando os efeitos mensuráveis da acumulação de poeiras no desempenho do sistema.

4.   Este trabalho conclui-se com uma síntese geral, sintetizando os resultados obtidos e colocando-os em prática. Esta conclusão sublinha a importância de uma compreensão contínua dos factores que influenciam a eficiência dos sistemas fotovoltaicos, ao mesmo tempo que identifica pistas para estudos futuros que possam contribuir para a otimização destas tecnologias em diversos contextos.

Capítulo I:

Campo solar e painéis fotovoltaicos

I.1 Introdução

A conversão da energia solar em eletricidade através de células fotovoltaicas é uma solução fundamental para substituir os combustíveis fósseis por fontes sustentáveis. Este capítulo destaca as caraterísticas dos sistemas fotovoltaicos, detalhando a radiação solar e as suas diferentes formas na Argélia. Apresentamos os tipos de painéis solares e as suas vantagens, bem como as propriedades dos semicondutores utilizados. Por fim, abordamos a estratégia da Argélia em matéria de energia solar, o seu programa de transição energética e as centrais solares em funcionamento para a produção de eletricidade fotovoltaica.

I.2 Radiação solar

A radiação solar é composta por partículas solares emitidas pelo Sol e pela propagação de ondas electromagnéticas. Embora as ondas electromagnéticas se dispersem na atmosfera terrestre, uma quantidade significativa de energia atinge a superfície da Terra. Esta energia solar assume a forma de radiação electromagnética e de outros tipos de radiação, alguns dos quais são absorvidos pela atmosfera. [1] Os tipos de radiação solar podem ser divididos em quatro categorias distintas, como mostra a Figura I.1. O primeiro tipo é a radiação direta, que é a emissão solar que chega à superfície da Terra diretamente do Sol, sem ser obstruída ou dispersa na atmosfera. A chegada desta radiação direta à Terra depende de uma série de factores, incluindo a espessura da atmosfera a penetrar e o ângulo de incidência dos raios solares em relação à superfície da Terra. Para medir a intensidade da radiação direta, são utilizados instrumentos de medição como os pirheliómetros. O pirheliómetro deve estar equipado com um dispositivo que aponte permanentemente para o Sol para garantir medições precisas da intensidade da radiação direta [2]. O segundo tipo é a radiação dispersa, que é a luz dispersa na atmosfera devido à sua interação com diversas substâncias atmosféricas, tais como pequenas partículas, nuvens e poeiras. A dispersão significa que a luz é distribuída igualmente em todas as direcções. No céu, as partículas de ar, as gotículas de água (nuvens) e a poeira interagem com os raios solares, dispersando-os em todas as direcções. A natureza e a quantidade da radiação dispersa dependem das condições climatéricas, como a densidade das nuvens e das partículas no ar [3].

O terceiro tipo é a radiação reflectida ou o que também é conhecido como reflexão, referindo-se à luz reflectida da superfície da Terra ou de outros objectos na sua superfície. A radiação reflectida é influenciada pelas caraterísticas da superfície reflectora, como a sua textura, cor e natureza. A radiação reflectida pode ser significativa quando a superfície terrestre reflecte a luz de forma significativa, como é o caso de superfícies altamente reflectoras como a água ou a neve [4]. O último tipo é a radiação global, que é simplesmente a soma das componentes direta e difusa. Existem dois tipos de dados sobre a radiação solar: a radiação instantânea, representada por curvas de intensidade da radiação em função da hora do dia, e a radiação acumulada, que é a soma da radiação global por dia. Estes dados são obtidos somando todos os valores de ano para ano e calculando a média para cada mês do ano [5].

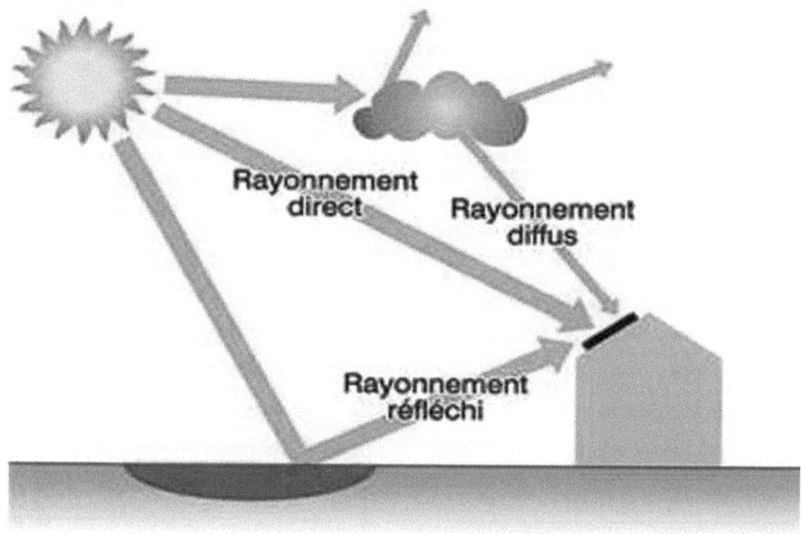

Figura I.1: Componentes da radiação solar. [4]

A Argélia tem um potencial solar considerável, com níveis de insolação notáveis registados pela Agência Espacial Alemã (DLR), que chegam a atingir 1.200 kWh/m²/ano na parte norte do Grande Sara. De acordo com uma avaliação por satélite efectuada pela Agência Espacial Alemã, a Argélia tem o maior potencial solar de toda a região mediterrânica, estimado em cerca de 169 000 TWh/ano para a energia solar térmica e 13,9 TWh/ano para a energia solar fotovoltaica [6]. A figura I.2 mostra a irradiação global média anual recebida numa superfície horizontal durante o período de 2020.

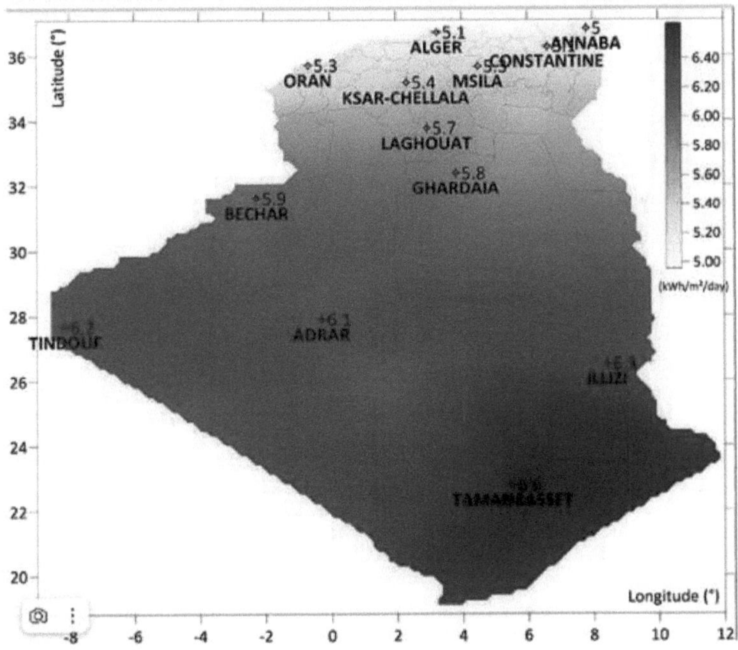

Figura I.2: Mapa da irradiação horizontal global (2020). [7]

I.3. Painéis solares fotovoltaicos

O painel solar, também conhecido como gerador fotovoltaico, é constituído por módulos fotovoltaicos interligados em série e/ou paralelo para produzir a energia eléctrica necessária. Estes módulos, que captam a energia solar e a convertem em eletricidade, são montados numa estrutura metálica concebida para suportar o painel solar num ângulo específico [8]. Existem vários tipos de painéis solares utilizados para produzir energia solar.

O silício monocristalino é atualmente a opção mais comum para as células solares comerciais, apesar da disponibilidade de muitos outros materiais. O termo "monocristalino" significa que todos os átomos do material fotovoltaico ativo fazem parte de uma estrutura cristalina simples, em que não há qualquer perturbação dos arranjos ordenados dos átomos. Apesar do seu elevado custo, tem uma elevada eficiência em watts por metro quadrado (cerca de 150 W/m2), o que permite poupar espaço, se necessário. No entanto, a sua eficiência diminui em condições de pouca luz [9].

O silício policristalino é constituído por pequenos grãos de silício cristalino. As células solares baseadas em silício policristalino são menos eficientes do que as baseadas em silício monocristalino. Os limites dos grãos no silício policristalino impedem o fluxo de electrões e reduzem o rendimento energético da célula. A eficiência de conversão de uma célula solar comercial de silício policristalino varia entre 10 e 14%. Tem também uma elevada eficiência de conversão de cerca de 100 Wp/m2 e é menos dispendiosa do que os painéis monocristalinos [9].

O silício amorfo (a-Si) é depositado numa camada fina sobre uma placa de vidro ou outro suporte flexível. A disposição irregular dos seus átomos confere-lhe uma fraca semi-condutividade. As células amorfas são utilizadas sempre que é necessária uma solução económica ou quando é necessária muito pouca eletricidade, por exemplo, para alimentar relógios, calculadoras ou iluminação de emergência. Caracterizam-se por um elevado coeficiente de absorção, permitindo espessuras muito finas, na ordem dos microns. No entanto, a sua eficiência de conversão é baixa (7-10%) e as células tendem a degradar-se mais rapidamente à luz. Podem ser integradas em substratos flexíveis ou rígidos e são menos dispendiosas do que outros tipos de painéis, mas não são a escolha ideal devido à sua baixa eficiência, que exige a cobertura de superfícies maiores [10].

I.4. Centrais fotovoltaicas :

Centrais fotovoltaicas instaladas no âmbito da estratégia argelina de valorização das energias renováveis e de utilização de energias limpas, mais 21 centrais fotovoltaicas. Capacidade instalada: (344,1 MWp) e energia produzida desde a EEM: 865 GWh PV. Citamos de seguida algumas centrais: [9]

Quadro I.1: O maior número de intercâmbios fotovoltaicos no total global.

La Centrale	O poder
C.S.PV Ghardaïa	1,1 MWp
C.S.PV BRN Ouargla	10 MWp
C.S.PV Saida	30 MWp
C.S.PV M'sila	20 MWp
C.S.PV Tamanrasset	13 MWp
C.S.PV Souk ahras	15 MWp
C.S.PV Djelfa	53 MWp

C.S.PV Leghouat	60 MWp
C.S.PV Adrar	20 MWp

A/ Central fotovoltaica de Ghardaïa:

A central fotovoltaica de 1,1 MW situa-se num local a cerca de 15 km a norte da cidade de Ghardaïa, perto da aldeia de Oued-Nechou. Terá uma potência nominal de cerca de 1100 kWp (kW de pico).

O número total de painéis é de 6089

A superfície total do sítio é de aproximadamente dez (10) hectares. Apenas seis (06) hectares estão destinados à central eléctrica, estando o restante reservado para futuras ampliações.

Uma equipa (SKTM/CREDER/CDER) está no local para analisar a produção e o comportamento dos vários subcampos (diferentes tecnologias de painéis).

Figura I.3: Central fotovoltaica de Ghardaïa.

B/ Instalação fotovoltaica BRN Ouargla :

A central fotovoltaica BRN Sonatrach ENI é uma central de energia solar com uma capacidade de 10 megawatts (MW) localizada na região de Bir Rebaa Nord, na Argélia. A central solar foi colocada em funcionamento em 2018 e foi construída pela empresa comum BRN, detida em partes iguais pela Sonatrach e pela ENI; equipada com 31320 painéis solares fotovoltaicos com uma superfície estimada de cerca de 20 hectares, tipo de painel policristalino e potência máxima (Pmax) de 325 W. A eletricidade produzida é alimentada à rede para ajudar a gerir a central de petróleo e gás da BRN.

Figura I.4: Central fotovoltaica BRN Ouargla.

C/ Centrale PV Saida :

A Central PV Saida é uma central fotovoltaica situada na comuna de Aïn Skhouna, na wilaya de Saida. A central tem uma capacidade de 30 megawatts (MW) e foi colocada em funcionamento em setembro de 2015. É uma das maiores centrais fotovoltaicas da Argélia.

A central foi construída pela empresa alemã Belectric e financiada pelo Governo argelino. A central utiliza módulos fotovoltaicos de silício cristalino para converter a luz solar em eletricidade. A eletricidade produzida pela central é alimentada à rede nacional.

Figura I.5: Central fotovoltaica de Saída.

D/ Central fotovoltaica de M'sila:

A Centrale PV Msila é uma central eléctrica fotovoltaica situada em Msila, na Argélia. Tem uma capacidade de 20 megawatts (MW) e foi inaugurada em dezembro de 2017. A central é detida e operada pela Société de Gestion des Stations de Production d'Énergie Renouvelable (SKTM).

Figura I.6: Central fotovoltaica de M'sila.

E/ Central fotovoltaica de Tamanrasset :

A central fotovoltaica de Tamanrasset é uma central fotovoltaica situada em Tamanrasset, na Argélia. Tem uma capacidade de 13 megawatts (MW) e foi inaugurada em abril de 2018. A central pertence e é operada pela Société de Gestion des Stations de Production d'Énergie Renouvelable (SKTM).

A central fotovoltaica de Tamanrasset é constituída por 4 092 painéis fotovoltaicos instalados num terreno de 26 hectares. A central produz eletricidade a partir da luz solar e alimenta a rede nacional.

Figura I.7: Central fotovoltaica de Tamanrasset.

F/ Central fotovoltaica de Souk-Ahras :

A Centrale PV Souk Ahras é uma central fotovoltaica de 15 MW localizada na província argelina de Souk Ahras. Entrou em funcionamento em abril de 2016 e é propriedade e operada pela Compagnie Algérienne d'Électricité et de Gaz (Sonelgaz). A central é constituída por 30 000 módulos fotovoltaicos que produzem eletricidade a partir da luz solar. A eletricidade é depois transmitida à rede nacional.

Figura I.8: Central fotovoltaica de Souk ahras.

Fábrica G/PV de Djelfa :

A central fotovoltaica de Djelfa é uma central fotovoltaica situada na comuna de Aïn El Ibel, na província de Djelfa, na Argélia. É propriedade e operada pela Société de Gestion des Stations de Production d'Énergie Renouvelable (SKTM). A central tem uma capacidade total instalada de 53 megawatts (MW) e foi colocada em funcionamento em 2016.

A central fotovoltaica de Djelfa é um passo importante no percurso da Argélia em direção a um futuro energético mais limpo e mais sustentável. A central representa um grande investimento no sector das energias renováveis do país e espera-se que crie postos de trabalho e impulsione a economia local. Deverá também ajudar a Argélia a cumprir os seus objectivos em matéria de alterações climáticas.

Figura I.9: Central fotovoltaica de Djelfa.

H/ Instalação fotovoltaica de Laghouat:

A estação tem uma capacidade de 60 Mw, centrais fotovoltaicas de 20MW e 40MW, com módulos de silício policristalino e suportes fixos, inversores de 500 KW, transformadores de 0,4/30 kV, subestações de 1 MW 2 30 Kv.

Serviços: Conceção básica e especificações técnicas do equipamento e assistência técnica no local para a revisão do projeto de construção (engenheiros residentes + visitas de peritos a curto prazo).

Figura I.10: Central fotovoltaica de Leghouat.

I/ Central fotovoltaica de Adrar :

A central fotovoltaica de adrar faz parte do programa nacional de desenvolvimento das energias renováveis criado pelo ministério responsável. É uma central pertencente à unidade de produção do sul, parte da filial SKTM (Sharikate Kahraba Wa Taket Moutadjadida, uma empresa de produção de eletricidade) e foi colocada em funcionamento em 12/10/2015. A central fotovoltaica da SKTM ocupa uma área de 40 hectares. Está localizada a 10 km do centro da cidade da Wilaya de Adrar.

Figura I.11: Central fotovoltaica de Adrar.

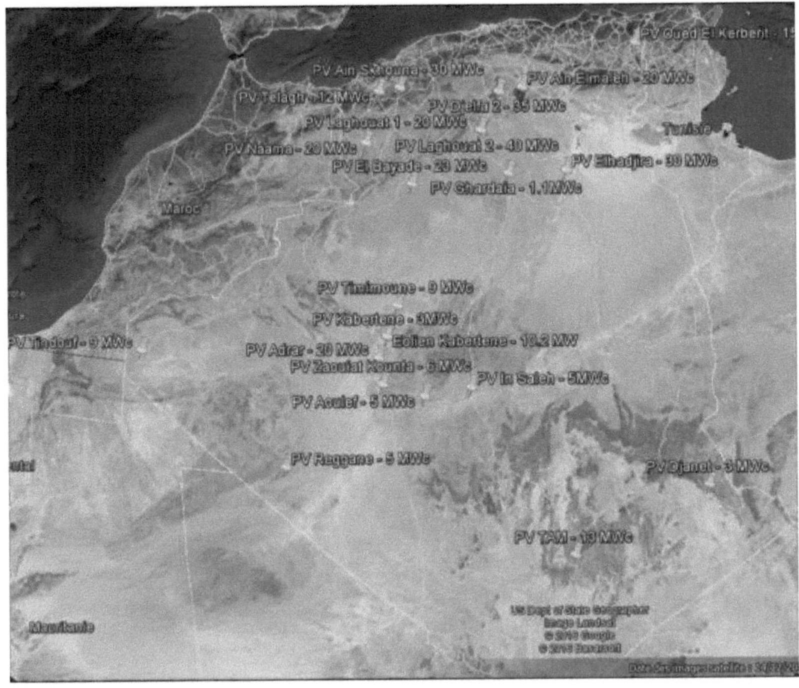

Figura I.12: Projeto de central fotovoltaica. [14]

I.5. CONCLUSÃO

Este capítulo ilustra o empenho do Governo argelino na transição energética, com programas ambiciosos de transformação de zonas desérticas em vastos projectos de energia solar fotovoltaica. Estas regiões, com o seu elevado potencial solar e longas horas de sol, são ideais para este desenvolvimento. Além disso, são analisados diferentes tipos de painéis solares, tendo em conta a sua eficiência e rentabilidade económica.

Capítulo II:

Efeitos da areia na eficiência dos painéis fotovoltaicos e das soluções de limpeza

II.1 INTRODUÇÃO

A energia solar está a desempenhar um papel cada vez mais crucial na transição energética global. A eficiência e o funcionamento dos módulos fotovoltaicos (PV) dependem de vários factores ambientais, entre os quais a acumulação de poeiras é particularmente significativa. As partículas de poeira depositadas na superfície dos painéis fotovoltaicos reduzem a transmissão da luz, o que compromete diretamente a produção de energia ao dificultar o processo de conversão da energia solar em eletricidade. Este capítulo explora em profundidade o impacto da poeira no desempenho dos módulos FV e examina os vários métodos de limpeza disponíveis para mitigar este efeito indesejável. Ao analisar estas questões, pretendemos fornecer uma compreensão abrangente dos desafios associados ao desempenho dos sistemas fotovoltaicos e propor soluções adequadas para otimizar a sua eficiência.

II.2 Influência da acumulação de poeiras no desempenho dos módulos solares fotovoltaicos (PV).

Um problema premente é a acumulação de poeiras e contaminantes que afectam o desempenho dos painéis fotovoltaicos (PV), representando um risco substancial para a sua eficiência e funcionamento. A poeira depositada impede a absorção da luz solar, o que afecta diretamente o processo de conversão de energia. Esta acumulação é particularmente acentuada em ambientes áridos ou poeirentos e constitui um obstáculo constante ao aumento da eficiência das instalações solares [11-12].

As tecnologias fotovoltaicas avançadas (PV) estão a centrar-se no desenvolvimento de métodos inovadores para combater a acumulação de poeiras. Os investigadores estão atualmente a explorar novos mecanismos de auto-limpeza para reduzir o impacto negativo da areia nos painéis solares. [13-14].

Encontrar técnicas económicas e eficientes para resolver este problema é crucial para garantir a longevidade, a eficiência e a durabilidade dos sistemas de energia solar, particularmente em regiões vulneráveis à acumulação de poeiras. Com a crescente procura global de energia, é essencial melhorar a tecnologia fotovoltaica (PV) para enfrentar desafios como a acumulação de poeiras. [15-16]

O reforço da resiliência destes sistemas para minimizar as ineficiências consolida o papel da energia solar como fonte de energia fiável e respeitadora do ambiente, dando um contributo significativo para a transição global para a energia sustentável (Jäger-Waldau [17]).

O Governo argelino está a apostar nas novas fontes de energia renováveis (nomeadamente a energia solar). Desde 2011, os programas de eficiência energética e de energias renováveis têm como objetivo produzir 22 GW de energia a partir de fontes renováveis até 2030. No entanto, o desempenho dos painéis fotovoltaicos depende de muitos factores, incluindo o ângulo de inclinação, a orientação azimutal, o envelhecimento, o espetro da radiação solar, a velocidade do vento a altas temperaturas, a humidade, as sombras, a neve, os impactos mecânicos, a poluição atmosférica, a sujidade, os excrementos de aves, o pó e a incrustação [18-20].

Muitos países estão a enfrentar as consequências da desertificação, com um aumento da frequência de dias ventosos ao longo do ano.

Muitos países estão a lutar com as consequências da desertificação, marcada por um aumento da frequência de dias ventosos ao longo do ano. Este aumento afecta significativamente a eficiência dos sistemas de energia solar, colocando desafios ao seu bom funcionamento e desempenho ótimo. Estudos anteriores centraram-se na compreensão da climatologia e do ciclo da areia, em particular através da avaliação das emissões, movimentos e acumulação de areia.

A caraterização ótica das poeiras foi efectuada em várias regiões, incluindo a Austrália, África e Ásia. [21-29]

No Irão, as trajectórias de origem e os factores atmosféricos que influenciam as poeiras foram estudados por Salmabadi et al [30], que indicaram que as tempestades de poeiras no Irão eram principalmente causadas pelo vento Shamal. Os resultados mostraram que mais de 30% das tempestades de poeira em Ahvaz podiam ser associadas ao modelo pré-frontal.

Najafpour et al[31] referiram que as principais fontes de tempestades de poeira em Teerão eram os desertos do Eufrates, do Tigre e da Síria. Os seus resultados confirmaram que, em dias de poeira em Teerão, a radiação solar líquida diminuía cerca de 32 a 45 W/m² devido à retrodifusão da camada de poeira.

Para identificar os factores que afectam a deposição de poeiras,Lu et al [32] conceberam três experiências em túneis de vento interiores. Os resultados mostraram que, com o vento, a densidade de deposição de poeiras no módulo solar diminuía com o aumento do ângulo de inclinação. A 75°, a eficiência da proteção contra poeiras do revestimento super-hidrofóbico atingiu um máximo de 94,43%. Han e Lu [33] estudaram um modelo numérico simplificado para prever a redução da potência fotovoltaica causada pela deposição de poeiras.

No Egito, Elshazly et al[34] examinaram a influência da deposição de poeiras no desempenho dos painéis fotovoltaicos (PV) na cidade de El Shorouk. Os resultados indicaram que a deposição de poeiras reduziu o desempenho em 30%. O ângulo de inclinação também teve um impacto na eficiência. Os ângulos de inclinação ideais para a instalação de módulos fotovoltaicos foram 15° e 30°, gerando a maior produção de energia.

Fountoukis et al [35] investigaram as dimensões das partículas de poeira depositadas nos painéis fotovoltaicos em Doha, no Qatar, e a sua influência em função do tempo de exposição. O seu estudo concluiu que as partículas maiores causavam menos degradação do que as partículas mais pequenas, apesar de ambos os tipos provirem da mesma quantidade total de poeira. Isto deve-se ao facto de as partículas mais pequenas estarem distribuídas de forma mais uniforme nos painéis fotovoltaicos, cobrindo uma área de superfície maior do que as partículas maiores.

Lasfar et al [36] estudaram o efeito da acumulação de poeiras nos módulos FV durante 50 dias na Mauritânia. Os resultados mostraram que a poeira acumulada inibiu a radiação solar e reduziu o desempenho do módulo FV em 21,57%.

O tipo de poeira é um aspeto crucial. Alguns investigadores estudaram poeiras artificiais para ensaios laboratoriais. No Reino Unido, Chanchangi et al [37] examinaram o impacto de 13 substâncias naturais diferentes na eficiência dos painéis fotovoltaicos (PV). Os seus dados mostraram que as cinzas tiveram o efeito adverso mais significativo na eficiência dos módulos fotovoltaicos, reduzindo-a em cerca de 98%, enquanto o sal causou a menor degradação, com cerca de 7%.

Adıgüzel et al [38] investigaram a influência do pó de carvão de diferentes formas e massas no desempenho de módulos fotovoltaicos em condições laboratoriais. Os seus resultados revelaram perdas máximas de potência de cerca de 62,05% para módulos monocristalinos e 60,07% para módulos policristalinos, com uma massa de poeira de cerca de 15 g e um tamanho de partícula de carvão de cerca de 38 μm. Em geral, o estudo confirmou que todos os tipos de poeiras afectam negativamente o desempenho dos painéis fotovoltaicos, com impactos particularmente significativos das cinzas, terra vermelha, areia e calcário [39-41].

II.2 Métodos de limpeza

II.2.1 Limpeza manual

A limpeza manual dos painéis fotovoltaicos requer a intervenção de um operador que utiliza uma vassoura ou um pano, apoiado em estruturas adequadas (Figura II.1). O operador avalia visualmente a limpeza da superfície até que todas as partículas de pó tenham sido removidas. Este processo é trabalhoso e complexo, uma vez que as centrais solares são constituídas por numerosos painéis instalados a alturas de 12 a 20 pés ou mais. Isto coloca problemas em termos de tempo necessário e de segurança, tanto para o operador como para os painéis. Além disso, a utilização de fluidos, tais como produtos de limpeza ou géis, pode afetar a transparência dos painéis se estes não forem devidamente limpos. O risco de danos físicos nos painéis também continua a ser elevado e difícil de evitar. [42]

Figura II.1: Limpeza manual de painéis solares[42].

II.2.2. Aspiração

Um aspirador de sucção é um dispositivo que utiliza uma bomba de ar para criar um vácuo parcial a fim de aspirar o pó e a sujidade, muitas vezes do chão, janelas, etc. O aspirador pode limpar eficazmente os painéis fotovoltaicos, mas apenas nas superfícies principais e não nos cantos, o que requer intervenção manual. O aspirador pode limpar eficazmente os painéis fotovoltaicos, mas apenas nas superfícies principais e não nos cantos, o que requer intervenção manual (ver Figura II.2). O operador deve ser devidamente treinado para manusear o aspirador no painel, uma vez que alguns movimentos físicos são inevitáveis. A longo prazo, a acumulação de poeiras no painel conduz a uma absorção menos eficaz da energia solar. [42]

Figura II.2: Limpeza com aspiração por vácuo. [42]

II.2.2. Limpeza automática

5.   Limpeza automatizada

A limpeza automatizada utilizando um limpa para-brisas integrado consiste numa lâmina de borracha e num tanque de água para pulverizar água com aditivos e produtos de limpeza. O processo é muito semelhante ao da limpeza dos vidros dos automóveis e requer um mecanismo automatizado para funcionar. O dispositivo é alimentado por uma bateria e funciona de forma autónoma graças a um sistema de controlo adequado. Embora este método funcione de forma automática, os resultados são comparáveis aos da limpeza manual, com riscos semelhantes, nomeadamente em termos de eficácia e de potencial desgaste dos painéis. [42]

Figura II.3: Sistemas automatizados de limpeza de poeiras [42].

6.　Robôs de limpeza inteligentes

O método envolve a instalação de um robô de limpeza para cada fila de painéis fotovoltaicos numa central de energia solar, permitindo a sua limpeza automática e regular sem supervisão, reduzindo assim os custos de mão de obra. O robot de limpeza inteligente utiliza uma fonte de alimentação independente para a limpeza e dispõe de armazenamento de energia. Utiliza um sistema de limpeza sem água, que poupa energia, protege o ambiente e conserva a água. A frequência de funcionamento pode ser ajustada consoante as necessidades e o local pode ser limpo regularmente, dependendo das condições do local. [42]

Figura II.5: Limpeza inteligente de painéis solares. [43]

Siyuan Fan et.al [44] desenvolveram um inovador robot de limpeza sem água para remover o pó das matrizes fotovoltaicas (PV) em áreas onde a água é escassa. A eficácia do robot de limpeza sem água foi verificada através da avaliação da transmissão de luz dos painéis. Os resultados mostraram que a taxa média de remoção de poeiras foi de 92,46%. [44].

I.3 Conclusão

Em conclusão, a acumulação de poeiras nos módulos fotovoltaicos representa um grande desafio para a otimização da produção de energia solar. Este capítulo destacou os efeitos prejudiciais da poeira no desempenho dos painéis fotovoltaicos e examinou vários métodos de limpeza, cada um com as suas próprias vantagens e desvantagens. Embora as técnicas manuais possam oferecer uma limpeza direcionada, comportam riscos em termos de segurança e eficiência. Por outro lado, as soluções automatizadas oferecem perspectivas interessantes, mas têm de ser cuidadosamente avaliadas em termos de custos e de impacto ambiental. Com o aumento da procura de energias renováveis, é imperativo continuar a investigar e a desenvolver estratégias de limpeza eficazes para garantir o desempenho a longo prazo dos sistemas fotovoltaicos. Ao incorporar soluções inovadoras adaptadas aos ambientes específicos em que estes painéis são instalados, podemos maximizar o seu desempenho e contribuir para uma utilização mais eficiente dos recursos energéticos renováveis.

Capítulo III:

Estudo experimental e discussão dos resultados

III.1. INTRODUÇÃO

Este capítulo é dedicado à análise experimental do desempenho de módulos fotovoltaicos, destacando o impacto da acumulação de poeiras na eficiência de painéis solares de silício monocristalino de 390 W. Para tal, foi efectuado um estudo comparativo entre dois painéis: um mantido num estado de limpeza ótimo e o outro deixado em condições de não limpeza. O objetivo desta abordagem é quantificar a influência da sujidade na produção de energia dos painéis fotovoltaicos, fornecendo assim dados essenciais para melhorar o seu desempenho em ambientes propensos ao pó.

III.2 Estudo experimental

III.2.1. Caraterísticas climáticas e situação geográfica da região de Ouargla

As experiências foram efectuadas em condições externas na cidade de Ouargla, situada no nordeste do deserto argelino (Figura III.1), a uma altitude de 128 metros acima do nível do mar e nas coordenadas geográficas de longitude 32,1677808 e latitude 4,976654 . [44].

O clima de Ouargla caracteriza-se pelo seu aspeto de deserto seco, onde a seca se manifesta pela irregularidade e escassez de precipitação, bem como pela secura permanente, uma amplitude térmica muito grande e a presença de um regime de ventos caracterizado por correntes quentes e secas. Apresenta também um dos valores médios anuais de radiação solar mais elevados do mundo.

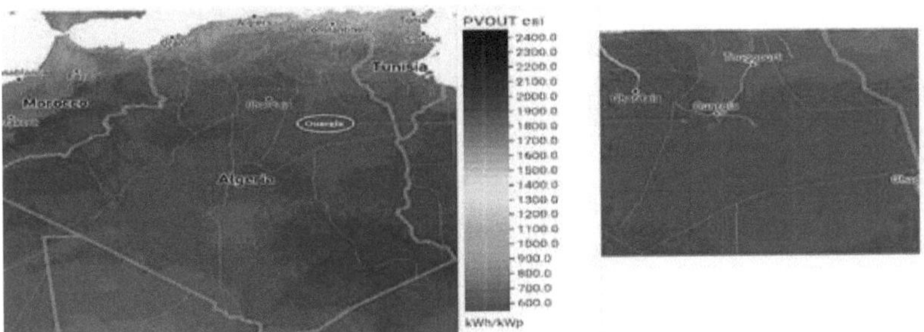

Figura III. III. 1 Eficiência fotovoltaica média na Argélia e na região de Ouargla ao longo de 10 anos [45].

A figura III.2 apresenta as caraterísticas meteorológicas da cidade de Ouargla de 2013 a 2023. Ouargla caracteriza-se por uma elevada taxa de insolação, sobretudo no verão.

Quanto à temperatura, atinge valores de 50°C no verão, enquanto que não ultrapassa os 22°C no inverno. As velocidades do vento mais elevadas ocorrem em abril e maio, com uma média de cerca de 5,8 m/s. A velocidade do vento é mais baixa em dezembro e janeiro, com uma média de cerca de 3,5 m/s. A figura III.2.c mostra que Ouargla tem um clima seco, com os valores mais elevados de humidade no inverno, com cerca de 50% e 59% para janeiro e dezembro, respetivamente. Em seguida, a humidade diminui durante a primavera e o verão, atingindo o seu ponto mais baixo de cerca de 16% em julho e agosto. A humidade começa a aumentar novamente.

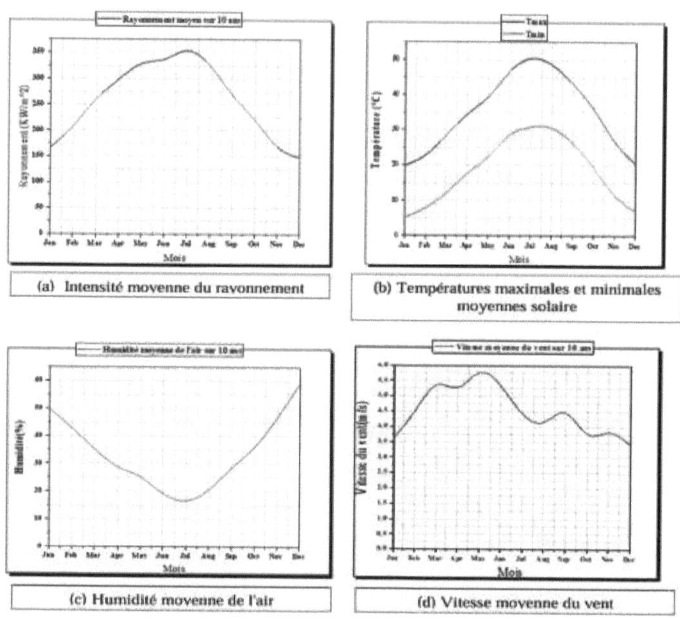

Figura III.2. III.2 Dados climáticos de 2013 a 2023 em Ouargla [46].

III.2.2. Equipamento

Os materiais utilizados neste estudo são apresentados de seguida:

7.   Painéis solares fotovoltaicos

A configuração consiste em dois módulos fotovoltaicos idênticos de silício monocristalino (ZGE_FM72_390) com uma potência de 390 W (Figura III.4). Os módulos estão inclinados num ângulo de cerca de 31° e virados para sul. Os parâmetros específicos dos módulos são apresentados na Tabela III.1.

Figura III.3: Módulo fotovoltaico (ZGE_FM72_390).

Tabela III.7.Caraterísticas do painel fotovoltaico.

Parâmetro	Especificações
Potência máxima (W)	390 W
Corrente máxima (A)	9.53 A
Tensão máxima (V)	41 V
Corrente de curto-circuito (A) (Isc)	10.1 A
Tensão de circuito aberto (Voc)	1. V

8. **Multímetro** digital Foi utilizado um multímetro digital GDM-356 para medir a tensão e a corrente (Figura III.7).

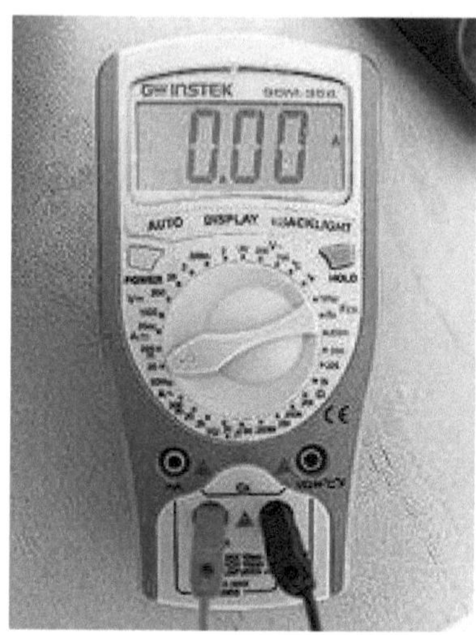

Figura III.4: Multímetro digital (GW Instek).

9.   Os Résistances

Para proteção das entradas da placa de interface, foram utilizadas duas resistências (Figura III.8), cada uma com capacidade de 320 W a 600 V, 5,7 A e 0 a 10 Ω.

Figura III.5. Resistência.

10.   **Medidor de radiação** solar

Foi utilizado um medidor de radiação solar (Fig. III.6) do tipo (pirómetro manual 4890.20) para determinar o valor do feixe projetado no painel solar.

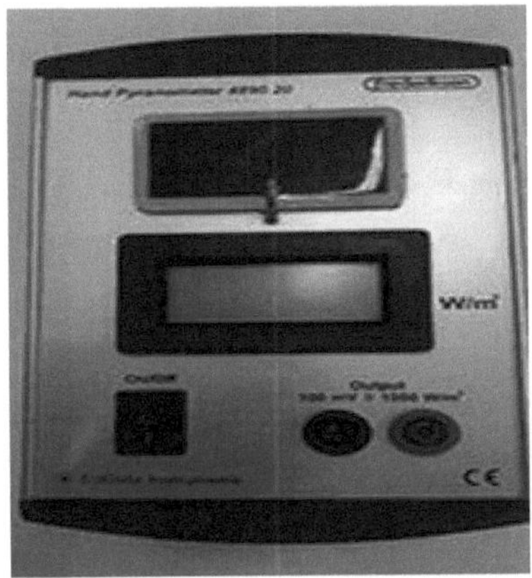

Figura III.6: Medidor de radiação solar (pirómetro manual 4890.20).

III.2.3. Protocolo experimental

Para analisar o efeito da acumulação de poeiras no desempenho dos painéis fotovoltaicos, foi efectuado um estudo comparativo com dois painéis:

11.   O painel A é designado como o painel limpo, que será mantido sem pó para uma comparação exacta.

12.   O painel B servirá como um painel não limpo, permitindo uma acumulação natural de poeiras.

Esta nomenclatura garante uma distinção clara e uniforme ao longo da experiência. Os parâmetros medidos incluem a irradiância solar, a tensão e a corrente. As medições são registadas para cada painel de 15 em 15 minutos, a partir das 08:30 de cada dia. O protocolo será aplicado em quatro períodos específicos, com início em 01-05-2022, após 3 dias, 7 dias, 15 dias, 30 dias e 40 dias. Cada período permitirá uma avaliação progressiva do impacto das poeiras ao longo do tempo. No final de cada período, os dados de cada painel serão comparados, analisando indicadores de desempenho como a potência e a eficiência. O estudo das medições de tensão, corrente e irradiância permitirá quantificar a eventual degradação do desempenho causada pelas poeiras no painel B.

Este protocolo permite a observação sistemática e controlada dos efeitos da poeira nos painéis fotovoltaicos, fornecendo informações precisas sobre as implicações da acumulação de poeira ao longo do tempo no desempenho.

III.3 Resultados e discussão

Nesta secção, analisamos o impacto da acumulação de poeiras no desempenho dos painéis fotovoltaicos (PV), comparando os resultados obtidos para o Painel A (limpo) e para o Painel B (não limpo). Os parâmetros medidos, tais como a irradiância solar, a tensão e a corrente, permitem-nos avaliar a potencial degradação do desempenho do painel não limpo ao longo do tempo. A análise dos dados recolhidos ao longo de períodos de observação de 7, 15, 30 e 40 dias tem como objetivo quantificar o efeito cumulativo das poeiras na eficiência energética, permitindo conhecer as perdas de potência associadas a esta acumulação.

Os resultados discutidos permitirão identificar a relação entre a duração da exposição ao pó e a redução da eficiência do painel, bem como compreender os mecanismos subjacentes a esta degradação. Por fim, a comparação dos desempenhos dos dois painéis evidenciará a importância de uma manutenção regular em ambientes poeirentos, com vista a otimizar a produção de energia solar.

A figura III.7 mostra a variação da potência dos painéis A e B ao longo do tempo. Verifica-se que o painel A tem uma potência ligeiramente superior à do painel B. Esta diferença explica-se pela acumulação de poeiras no painel B, que reflecte parte da radiação solar e reduz assim a sua eficiência. Esta diferença explica-se pela acumulação de poeiras no painel B, que reflecte parte da radiação solar, reduzindo assim a sua eficiência fotovoltaica. A poeira forma uma camada obstrutiva, limitando a absorção óptima da luz solar e reduzindo o desempenho de conversão de energia do painel B.

A variação da potência dos painéis A e B em função do tempo, juntamente com a irradiação solar, é apresentada na Figura III.8. Verifica-se que a evolução da potência dos dois painéis A e B segue duas fases distintas:

Fase 1 (das 8h às 11h30): A potência dos dois painéis aumenta significativamente à medida que a irradiação solar aumenta. Este aumento de potência reflecte a intensidade solar óptima captada pelos dois painéis.

Fase 2 (11h30 às 14h): Há uma flutuação na potência produzida pelos dois painéis, devido a uma queda na irradiação solar causada pela cobertura de nuvens. Esta diminuição da intensidade luminosa reduz temporariamente o rendimento dos painéis.

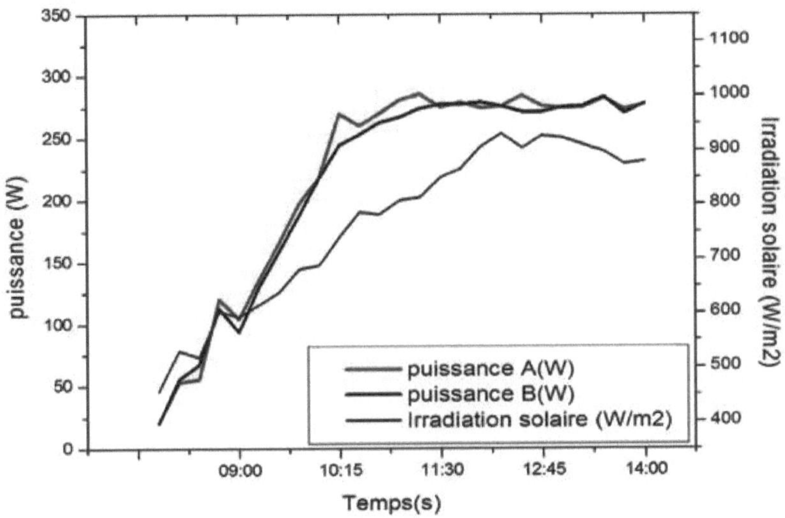

Figura III.7: Variação da potência solar e da radiação solar em função do tempo após 3 dias.

A figura III.9 mostra a evolução da potência dos painéis A e B em função do tempo. Entre as 8h e as 10h30, observa-se um aumento significativo de potência para ambos os painéis, passando de 25 W para 275 W, com uma ligeira diferença a favor do painel A (limpo) em relação ao painel B (não limpo). Este aumento de potência resulta do aumento da irradiação solar. Das 10h30 às 14h00, a potência dos dois painéis continua a aumentar, mas de forma mais moderada, oscilando entre 275 W e 305 W, em resposta às flutuações da irradiação solar durante este período. Estas observações demonstram a influência direta da irradiação solar no desempenho dos painéis e salientam a redução da potência causada pela acumulação de poeiras no painel B.

A figura III.10 mostra a variação da potência dos dois painéis, A e B, e a irradiância solar em função do tempo. Observa-se uma diferença notável de potência entre o painel A e o painel B, tendo este último sido deixado sem limpeza durante mais de um mês. Esta diferença pode ser explicada pela acumulação de poeira no painel B, que reduz a sua eficiência ao diminuir a quantidade de luz solar absorvida.

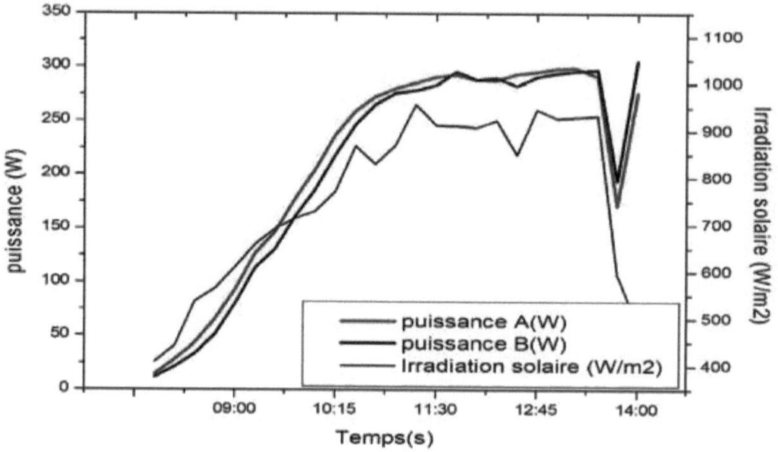

Figura III.8: Variação da potência solar e da radiação solar em função do tempo após 7 dias.

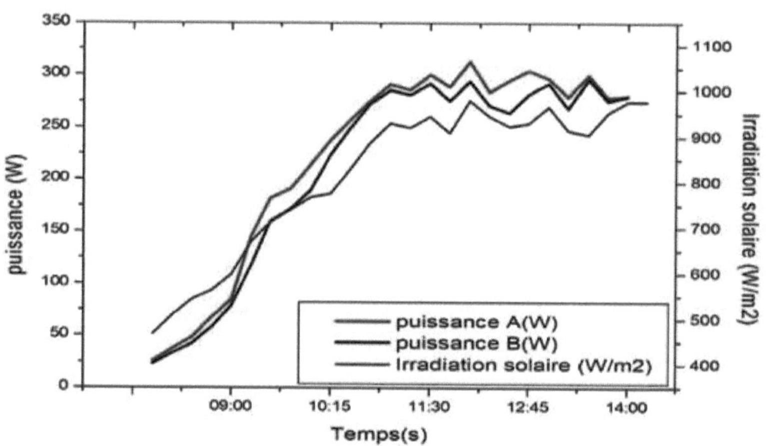

Figura III.9: Variação da energia solar e da radiação solar em função do tempo após 15 dias.

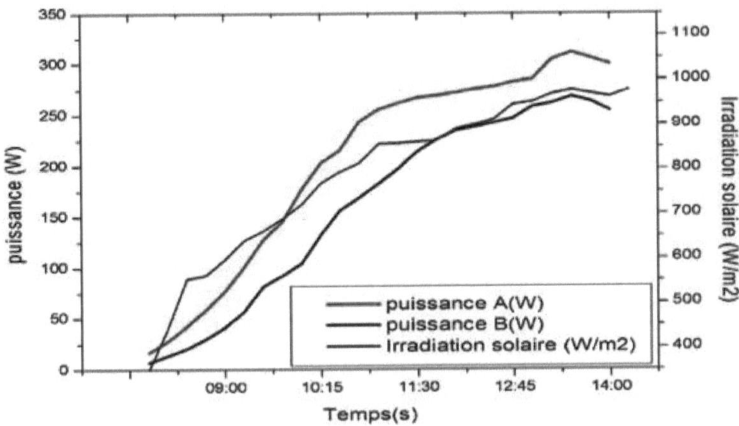

Figura III.10: Variação da potência solar e da radiação solar em função do tempo após 30 dias.

As figuras III.11 mostram a variação da potência dos painéis A e B, bem como da irradiação solar, em função do tempo. Observa-se uma diferença significativa entre os valores de potência do painel A e do painel B após 40 dias de exposição, em comparação com a série anterior. Este resultado confirma o impacto da acumulação de poeira no desempenho do painel solar: as partículas de poeira acumuladas na superfície do painel B reflectem uma proporção significativa da radiação solar, reduzindo a quantidade de luz absorvida. Consequentemente, esta redução da radiação solar disponível afecta diretamente a eficiência global dos sistemas fotovoltaicos.

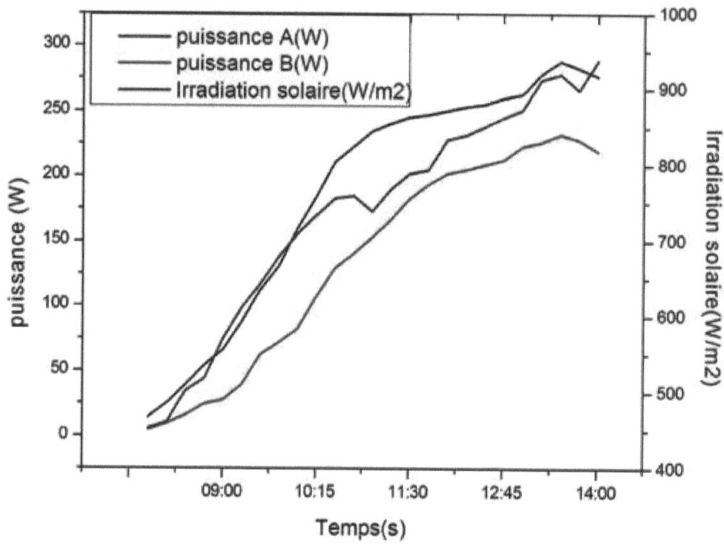

Figura III.11: Variação da potência solar e da radiação solar em função do tempo após 40 dias.

Os resultados mostram uma redução significativa da potência, de cerca de 18,68%, após 40 dias de exposição. Esta redução pode ser explicada pelo facto de a poeira reduzir a radiação solar incidente sobre o módulo fotovoltaico, levando a uma deterioração do seu desempenho. Consequentemente, a percentagem de energia perdida aumenta proporcionalmente à acumulação de poeiras na superfície do painel, especialmente quando este é exposto a condições climatéricas sem limpeza periódica. Este fenómeno é corroborado por vários estudos que mostram que a acumulação de poeiras nos painéis solares pode levar a perdas significativas de eficiência, em alguns casos até 30%, dependendo da natureza e da espessura das partículas acumuladas.

III.4.CONCLUSÃO

Em conclusão, o nosso estudo experimental revelou que uma ausência prolongada de limpeza tem um impacto negativo no rendimento dos painéis fotovoltaicos. A limpeza regular dos painéis solares é, por conseguinte, indispensável, variando a frequência ideal em função da região de instalação e das condições climáticas. Além disso, é aconselhável limpar imediatamente após as tempestades de poeira, para minimizar a acumulação de partículas e os seus efeitos prejudiciais no rendimento.

CONCLUSÃO GERAL

A procura de eletricidade continua a crescer exponencialmente, devido à vida relativamente curta dos combustíveis fósseis. Neste contexto, o programa de energias renováveis da Argélia promove a integração das energias renováveis através dos sectores fotovoltaico, térmico e eólico. Os sistemas fotovoltaicos oferecem uma série de vantagens, nomeadamente uma fonte de energia infinita, o que os torna particularmente adequados para a eletrificação de locais isolados e outras aplicações.

No entanto, as condições climáticas do deserto colocam desafios, nomeadamente o impacto das temperaturas elevadas e dos ventos de areia na eficiência energética destes sistemas.

A perda de energia devido à acumulação de poeiras representa um desafio significativo para as aplicações fotovoltaicas (PV), particularmente em regiões áridas como a cidade de Ouargla, caracterizada por temperaturas elevadas, precipitação limitada e baixa humidade. O objetivo deste estudo foi avaliar experimentalmente o impacto do pó na eficiência dos módulos fotovoltaicos. Durante 40 dias, os dados relativos à radiação solar, à tensão e à corrente foram registados manualmente de 15 em 15 minutos, entre as 08:30 e as 14:00 horas, comparando dois painéis: um limpo antes de cada teste e o outro por limpar.

Os resultados obtidos indicam que a acumulação de poeiras tem um efeito negativo na potência gerada pelo módulo fotovoltaico. O desempenho dos painéis diminui progressivamente em função do tempo de exposição ao pó, com quedas de potência de 0,039%, 1,41%, 7,37%, 12,45% e 18,68% após 3 dias, uma semana, 15 dias, um mês e 40 dias de exposição.

Os resultados revelaram que a acumulação de pó cria uma barreira na superfície dos painéis solares, obstruindo a luz solar e reduzindo a capacidade dos painéis para captar e converter a energia solar em eletricidade. Em última análise, isto leva a uma redução da eficiência global do sistema, sublinhando a importância da manutenção e limpeza regulares.

Para enfrentar estes desafios, a investigação futura deve explorar técnicas avançadas de limpeza e métodos de arrefecimento, integrando simultaneamente modelos preditivos e sistemas de monitorização em tempo real para melhorar o desempenho das instalações fotovoltaicas em ambientes poeirentos. Essas medidas poderiam aumentar significativamente a fiabilidade e a eficiência dos sistemas de energia solar, em especial em zonas propensas a uma forte acumulação de poeiras.

REFERÊNCIAS

[1].https://www.aros-solar.com/fr/le-rayonnement-solaire (acedido em 6 de março de 2024).

[2].URL: https://www.edfenr.com/lexique/rayonnement-direct (acedido em 7 de março de 2024).

[3].URL: https://www.edfenr.com/lexique/rayonnement-diffus (acedido em 9 de março de 2024).

[4].URL: https://energieplus-lesite.be/theories/climat8/ensoleillement-d8 (acedido em 24 de abril de 2024).

[5].D.BENATIALLAH, "Détermination du gisement solaire par imagerie satellitaire avec intégration dans un système d'information géographique pour le sud d'Algérie," Doctoral dissertation, Université Ahmed Draia- Adrar, 2019.

[Dissertação, Universidade Ahmed Draia-Adrar, 2019. N. Mebrek, M. T. Bouziane, F. Demnati, e A. E. Nemdil, "Estudo da eficiência de um sistema de bombagem híbrido (fotovoltaico/elétrico) para uma melhor gestão do meio rural,"

[7] K. Abdeladim, A. Razagui, S. Semaoui, and A. Hadj Arab, "Atualização do atlas solar argelino utilizando a fonte de dados MEERA-2," Energy Reports, vol. 6, pp. 281-287, 2020/02/01/ 2020, doi: https://doi.org/10.1016/j.egyr.2019.08.057.

[8].T. Mambrini, "Characterization of photovoltaic solar panels in outdoor conditions and according to different technologies Caractérisation de panneaux solaires photovoltaïques en conditions réelles d'implantation et en fonction des différentes technologies," Université Paris Sud - Paris XI, 2014PA112380, 2014. [Online]. Disponível: https://theses.hal.science/tel-01164783.

[9] B. Flèche e D. Delagnes, "Energie solaire photovoltaïque," STI ELT, junho de 2007.

[10].S. Abada e H. Le-Huy, "Estudo e otimização de um gerador fotovoltaico para carregamento de baterias com um conversor Sepic," 2011.

[11] Chanchangi YN, Ghosh A, Sundaram S, Mallick TK (2020) Dust and PV performance in Nigeria: a review. Renew Sustain Energy Rev 121:109704. https://doi.org/10.1016/j.rser.2020.109704 .

[12] He B, Lu H, Zheng C, Wang Y (2023) Characteristics and cleaning methods of dust deposition on solar photovoltaic modules-a review. Energy 263:126083. https://doi.org/10.1016/j.energy.2022.126083.

[13] Shubbak MH (2019) Avanços na energia solar fotovoltaica: revisão tecnológica e tendências de patentes. Renew Sustain Energy Rev 115:109383. https://doi.org/10.1016/j.rser.2019.109383.

[14]Khalid HM, Rafique Z, Muyeen SM et al (2023) Dust accumulation and aggregation on PV panels: an integrated survey on impacts, mathematical models, cleaning mechanisms, and possible sustain able solution. Sol Energy 251:261-285. https:// doi. org/ 10. 1016/j. solener.2023.01.010.

[15]Alami AH, Rabaia MKH, Sayed ET et al (2022) Gestão dos potenciais desafios da proliferação da tecnologia fotovoltaica. Sustain Energy Technol Assess 51:101942. https:// doi. org/ 10. 1016/j. seta. 2021. 101942.

[16]Allouhi A, Rehman S, Buker MS, Said Z (2023) Recent technical approaches for improving energy efficiency and sustainability of PV and PV-T systems: a comprehensive review. Sustain Energy Technol Assess 56:103026. https:// doi. org/ 10. 1016/j. seta. 2023. 103026.

[17]Jäger-Waldau A (2022) Snapshot of photovoltaics - fevereiro de 2022. EPJ Photovolt 13:9. https://doi.org/10.1051/epjpv/2022010.

[21]. Schepanski K, Tegen I, Macke A (2012) Comparação das observações por satélite das zonas de origem da poeira do Sara. Remote Sens Environ 123:90-97. https://doi.org/10.1016/j.rse.2012.03.019

[22]. Alizadeh-Choobari O, Zawar-Reza P, Sturman A (2014) O "vento de 120 dias" e a atividade de tempestade de poeira sobre a Bacia do Sistão. Atmos Res 143:328-341. https:// doi. org/ 10. 1016/j. atmos res. 2014. 02. 001.

[23]. Rashki A, Arjmand M, Kaskaoutis DG (2017) Assessment of dust activity and dust-plume pathways over Jazmurian Basin, south east Iran. Aeol Res 24:145-160. https://doi.org/10.1016/j.aeolia. 2017.01.002.

[24]. Zhang T, Zang L, Mao F et al (2020) Avaliação dos produtos de aerossóis Himawari-8/AHI, MERRA-2 e CAMS sobre a China. Remote Sens 12:1684. https://doi.org/10.3390/rs12101684.

[25]. Yousefi R, Wang F, Ge Q, Shaheen A (2020) Long-term aerosol opti cal depth trend over Iran and identification of dominant aerosol types. Sci Total Environ 722:137906. https:// doi. org/ 10. 1016/j. scitotenv.2020.137906.

[26]. Hosseini Dehshiri SS, Firoozabadi B, Afshin H (2022) A new applica tion of multi-criteria decision making in identifying critical dust sources and comparing three common recetor-based models. Sci Total Environ 808:152109. https:// doi. org/ 10. 1016/j. scito tenv.2021.152109.

[27]. Prasad AA, Nishant N, Kay M (2022) Dust cycle and soiling issues affecting solar energy reductions in Australia using multiple data sets. Appl Energy 310:118626. https:// doi. org/ 10. 1016/j. apene rgy. 2022.118626.

[28]. Liu X, Cui L, Tao Q et al (2023) Dust deposition mechanism and output characteristics of solar bifacial PV panels. Environ Sci Pollut Res 30:100937-100949. https:// doi. org/ 10. 1007/ s11356- 023- 29518-1.

[29]. Hosseini A, Mirhosseini M, Dashti R (2023) Modelação das perdas por sujidade no módulo fotovoltaico com base no efeito de perda de transmitância. Envi ron Sci Pollut Res 30:107733-107745. https:// doi. org/ 10. 1007/ s11356-023-29901-y.

[30]Salmabadi H, Khalidy R, Saeedi M (2020) Rotas de transporte e potenciais regiões de origem das poeiras do Médio Oriente sobre Ahvaz durante 2005-2017. Atmos Res 241:104947. https:// doi. org/ 10. 1016/j. atmosres.2020.104947.

[31]Najafpour N, Afshin H, Firoozabadi B (2018) The 20-22 February 2016 mineral dust event in Tehran, Iran: numerical modeling, remote sensing, and in situ measurements. J Geophys Res: Atmos 123:5038-5058. https://doi.org/10.1029/2017JD027593.

[32] Lu H, He B, Zhao W (2023) Estudo experimental sobre o desempenho do revestimento super-hidrofóbico para módulos solares fotovoltaicos em diferentes

direcções do vento. Sol Energy 249:725-733. https:// doi. org/10.1016/j.solener.2022.12.023.

[33]Han Z, Lu H (2023) Numerical simulation of turbulent flow and particle deposition in heat transfer channels with concave dimples. Appl Therm Eng 230:120672. https:// doi. org/ 10. 1016/j. applt hermaleng.2023.120672.

[34] Elshazly E, El-Rehim AAA, Kader AA, El-Mahallawi I (2021) Effect of dust and high temperature on photovoltaics performance in the New Capital Area. WSEAS Trans Environ Dev 17:360-370. https://doi.org/10.37394/232015.2021.17.36.

[35] Fountoukis C, Figgis B, Ackermann L, Ayoub MA (2018) Efeitos da deposição de poeira atmosférica na produção de energia solar fotovoltaica num ambiente desértico. Sol Energy 164:94-100. https:// doi. org/ 10. 1016/j.solener.2018.02.010.

[36] Lasfar S, Haidara F, Mayouf C et al (2021) Study of the influence of dust deposits on photovoltaic solar panels: case of Nouakchott. Energy Sustain Dev 63:7-15. https://doi.org/10.1016/j.esd.2021. 05.002.

[37] Chanchangi YN, Ghosh A, Sundaram S, Mallick TK (2020) Dust and PV performance in Nigeria: a review. Renew Sustain Energy Rev 121:109704. https://doi.org/10.1016/j.rser.2020.109704.

[38] Adıgüzel E, Özer E, Akgündoğdu A, Ersoy Yılmaz A (2019) Previsão do efeito do tamanho das partículas de poeira na eficiência dos módulos fotovoltaicos com ANFIS: um estudo experimental na região do Egeu, Turquia. Sol Energy 177:690-702. https://doi.org/10.1016/j.solener.2018. 12.012.

[39] Javed W, Wubulikasimu Y, Figgis B, Guo B (2017) Caracterização da poeira acumulada nos painéis fotovoltaicos em Doha, Qatar. Sol Energy 142:123-135. https://doi.org/10.1016/j.solener.2016.11.053.

[40] Darwish ZA, Sopian K, Fudholi A (2021) Redução da produção dos módulos fotovoltaicos devido a diferentes tipos de partículas de poeira. J Clean Prod 280:124317. https:// doi. org/ 10. 1016/j. jclep ro. 2020.124317.

[41] Radonjić I, Pavlović T, Mirjanić D, Pantić L (2021).Investigação dos efeitos da sujidade das cinzas de fly no desempenho dos módulos solares. Sol Energy 220:144-151. https://doi.org/10.1016/j.solener.2021.03.046.

[42]. HUDEDMANI, Mallikarjun G., et all. Um estudo comparativo de métodos de limpeza de poeira para os painéis solares fotovoltaicos. Revista avançada de pesquisa de pós-graduação, 2017.

[43] Benjamin Figgis, Veronica Bermudez, Juan Lopez Garcia, Effect of cleaning robot's moving shadow on PV string, Solar Energy Volume 254, 2023, Pages 1-7, DOI:10.1016/j.solener.2023.03.003.

[44] Siyuan Fan ,Wenshuo Liang ,Gong Wang ,Yanhui Zhang ,Shengxian Cao ,Um novo robô de limpeza sem água para a remoção de poeiras de sistemas fotovoltaicos distribuídos (PV) em áreas com escassez de água. Solar Energy Volume 241, 15 de julho de 2022, Páginas 553-563

[44]https://solargis.com/maps-and-gis-data/download/algeria.

[45].https://apps.solargis.com/prospect/map?c=11.523088,8.261719,3&s=26.869814,7. 77832.

[46] Remund J, Müller S, Schmutz M, Graf P (2020) Meteonorm versão 8. METEOTEST. www.meteotest.com

Printed by Books on Demand GmbH, Norderstedt / Germany